MECÂNICA ELEMENTAR

LEANDRO BERTOLDO

Aos meus pais,
José Bertoldo Sobrinho e
Anita Leandro Bezerra;

A minha esposa.
Daisy Menezes Bertoldo;

A minha filha,
Beatriz Maciel Bertoldo;

A meu irmão,
Francisco Leandro Bertoldo;

E ao querido leitor,
decido estas singelas páginas.

*"A ciência desvenda novas maravilhas à nossa vista;
faz altos vôos, e explora novas profundidades".*

Ellen Gould White
Escritora, conferencista, conselheira
e educadora norte-americana.
(1827-1915)

Prefácio

O presente texto de Mecânica Elementar é caracterizado pro sua clareza e demonstrações lúcidas de termas difíceis e complexos. É destinado, a princípio, aos mais diferentes estudiosos da natureza. Apesar de tratar de um tema técnico, o livro está estruturado na relação causal. Escrito num linguajar simples apresenta uma evolução elegante dos fenômenos abordados, definindo cada etapa com clareza e detalhadas demonstrações matemáticas de fácil acesso. Tais condições facilitam a assimilação das questões envolvidas, tornando a tese extremamente convincente. Tudo isto sem prejuízo da correção conceitual técnica, podendo ser compreendida por cientistas, pesquisadores, professores, alunos ou qualquer outra pessoa.

A matemática apresentada nesta obra é apenas um instrumento de pesquisa posto em atividade para explanar de forma objetiva o fenômeno "corpuscular-ondulatório", que pode ser explorado a partir de poucos dados disponíveis.

Julguei conveniente, do ponto de vista didático, apresentar esta obra dividida em sete capítulos. Iniciando com uma rápida introdução à Mecânica Elementar, seguindo-se os conceitos relacionados com as propriedades corpusculares-ondulatórias, e conseqüentes implicações cinemáticas e dinâmicas. Foi discutido o movimento ondulatório uniforme e uniformemente variado. Com essas bases chegou-se ao conceito de movimento ondulatório circular dos corpúsculos, que é o objetivo central da presente tese. No capítulo final, foi apresentado o conceito de trabalho aplicado aos corpúsculos em movimento ondulatório.

As propriedades do movimento ondulatório-corpuscular foram discutidas de maneira a dar uma visão geral da Mecânica Elementar sem, contudo aprofundar o seu estudo sistemático.

Esta monografia foi composta no primeiro semestre de 1982, quando o autor contava vinte e três anos de idade. Na época, seu objetivo consistia em verificar o comportamento do movimento ondulatório dos corpúsculos, quando estes fossem descritos pela filosofia da Mecânica Clássica. Essa visão permite ao estudioso responder a uma série de questões relacionadas com o mundo microscópico.

A presente obra não tem a pretensão de esgotar todas as possibilidades que envolvem a descrição clássica do movimento ondulatório-corpuscular, de tal forma que uma porta permanece aberta aos curiosos. Portanto, de todo o coração, desejo ardentemente que possa o estudo desta memória desperta muitos espíritos à reflexão e à pesquisa da Mecânica Elementar.

Leandro Bertoldo

Sumário

CAPÍTULO VI – *Momentos Quânticos Elementares*
01. Introdução
02. Definição Matemática de Impulso
03. Impulso e o Movimento Circular Uniforme
04. Movimento Circular Uniformemente Variado
05. Definição de quantidade de Movimento
06. Quantidade de Movimento e M.C.U.
07. Quantidade de Movimento e o M.C.U.V.

CAPÍTULO VII – *Trabalho*
01. Introdução
02. Trabalho de Uma Força Constante
03. Observações
04. Classificação do Trabalho
05. Propriedade Fundamental
06. Os Corpúsculos e o Trabalho
07. Trabalho e Movimento Circular
08. Impulso e Trabalho
09. Trabalho e M.C.U.
10. Hipóteses a considerar

CAPÍTULO I

INTRODUÇÃO GERAL À MECÂNICA QUÂNTICA ELEMENTAR

1. INTRODUÇÃO

A palavra *"mecânica"* vem do termo grego (mêkhaniké).

A palavra *"quântica"* vem de *"quantum"* (quân-tum) palavra latina que significa uma quantidade. A mecânica quântica Elementar são resultados generalizados dos trabalhos de Planck, Einstein, Bohr e De Broglie.

2. DIVISÃO DA MECÂNICA QUÂNTICA ELEMENTAR.

Com toda a consciência do que é escrito, afirmo que, historicamente e didaticamente, a Mecânica Quântica Elementar constitui o primeiro dos Ramos da Física Quântica Elementar, servindo como sustentação de todos os demais. Estuda tanto o movimento dos corpúsculos em geral quanto as forças, energia e outras grandezas.

Costumo dividir a Mecânica Quântica Elementar em quatro partes:

1- *Cinemática Quântica Elementar*
Realiza o estudo das leis matemáticas que regem o movimento ondulatório dos corpúsculos.

2- *Dinâmica Quântica Elementar*
Concluí os estudos das forças e os movimentos que provocam.

3- *Momento Quântico Elementar*
Estuda os diferentes momentos que um corpúsculo pode caracterizar.

4- *Energética Quântica Elementar*
Estuda as equações fundamentais que traduzem o estado de energia e trabalho de um corpúsculo.

3. LEIS TERNÁRIAS

a) *Lei I*
"Todas as grandezas físicas que envolvem os corpúsculos são quantizadas".
Com essa lei quero dizer que os corpúsculos são caracterizados por uma qualidade do que é suscetível de aumento ou de diminuição.

b)   *Lei II*

"Toda forma de corpúsculo apresenta a propriedade de se propagar através de movimento ondulatório".

A experiência tem demonstrado largamente que não apenas os elétrons, mas todas as demais partículas elementares existentes apresentam características ondulatórias e quânticas.

c)   *Lei III*

Foi largamente demonstrado que todos os corpúsculos apresentam uma quantidade de movimento igual ao quociente da chamada constante de Planck, inversa pelo comprimento de onda que os corpúsculos caracterizam.

Simbolicamente o referido enunciado é expresso pela seguinte relação:

$$Q = h/\lambda$$

4. FREQÜÊNCIA

Sabe-se que os corpúsculos se propagam através de movimentos ondulatórios. Então, entre dois pontos do espaço, deve existir associados aos corpúsculos uma freqüência.

Um fenômeno qualquer é *"periódico"* quando o mesmo se repete, identicamente, em intervalos de tempos iguais. Portanto, o *"período"* é o intervalo de tempo que dura a repetição do fenômeno. Costuma-se representar o período pela letra maiúscula (T).

Logo, em fenômenos periódicas, chama-se período o intervalo de tempo decorrido para o referido fenômeno completar um ciclo.

Nos fenômenos periódicos, além do período T, deve-se considerar uma outra grandeza, a *"freqüência"* que é representada pela letra minúscula (f). Chama-se freqüência "f" o número de vezes que o fenômeno se repete na unidade de tempo.

Desse modo, a freqüência nada mais é do que o número de ciclos realizados em uma unidade de tempo qualquer.

Vou demonstrar que o período T e a freqüência f relacionam-se. Para isso vou propor os seguintes postulados:

a) *Primeiro Postulado*

O período T é o intervalo de tempo decorrido para o fenômeno se repetir.

Cada repetição é denominada por ciclo. Então, em termos matemáticos o período é igual ao quociente da variação de tempo Δt decorrido no processamento dos ciclos do fenômeno periódico considerado, inverso pelo número de ciclos ocorridos durante esse intervalo de tempo.

Simbolicamente o referido enunciado é expresso pela seguinte relação:

$$T = \Delta t / n$$

Portanto, pode-se observar que o período nada mais é do que o intervalo de tempo decorrido em cada ciclo.

As unidades de período são as de tempo: segundo (s); minuto (min); hora (h) e muitas outras.

b) *Segundo Postulado*
   A freqüência f é o número de vezes que o fenômeno ocorre na unidade de tempo. Logo, em termos matemáticos, posso afirmar que a freqüência é igual ao quociente do número de ciclos periódicos do fenômeno considerado inverso pela variação de tempo decorrido no processamento do referido fenômeno.
   O referido enunciado é expresso simbolicamente pela seguinte relação:

$$f = n / \Delta t$$

Logo, pode-se observar que a freqüência nada mais é do que o número de ciclos na unidade de tempo considerada.

c) *Último Postulado*
   Através dos dois primeiros postulados, passarei a demonstrar que a freqüência e o período são relações inversas: conhecido o período determina-se a freqüência e vice-versa.

Multiplicando-se as duas últimas expressões, resulta que:

$$T . f = \Delta t . n/n . \Delta t$$

Eliminando os termos em evidência, resulta na seguinte expressão:

$$T . f = 1$$

Logo se conclui que a freqüência é o inverso do período.

5. UNIDADES DE FREQÜÊNCIA

As unidades de freqüência são: voltas por tempo; rotações por minuto ou de forma generalizada, é o número de ciclos por unidade de tempo.

A unidade de freqüência no Sistema Internacional (S.I.) (Ciclos por segundo) é denominada por *hertz*, abrevia-se Hz.

Desse modo conclui-se que:

1 ciclo por segundo = 1 Hertz = 1 Hz

O quilohertz, abreviado por (KHz) corresponde:

1 KHz = 1000 Hz

CAPÍTULO II

CINEMÁTICA QUÂNTICA ELEMENTAR

1. INTRODUÇÃO

No presente capítulo vou procurar analisar os movimentos ondulatórios, suas leis e propriedades gerais. Discutindo dois movimentos ondulatórios particulares:

a) O movimento uniforme, de velocidade constante;

b) E o movimento uniformemente variado, de aceleração constante com o período.

A partir deste capítulo iniciarei o estudo da Cinemática Quântica Elementar. Ela é a parte da mecânica quântica Elementar que descreve os movimentos ondulatórios independentemente de suas causas. Porém, algumas noções fundamentais são necessárias para dar início ao estudo da cinemática quântica Elementar.

2. ONDA DE MATÉRIA

Entre as mais notáveis realizações científicas do século XX, está a descoberta das propriedades fundamentais dos corpúsculos elementares. Uma dessas propriedades foi apresentada em 1924 por Louis De Broglie que propôs a existência de ondas de matéria.

Foi Elsasser quem mostrou, em 1926, que a natureza ondulatória dos corpúsculos poderia ser testada experimentalmente, fazendo-se com que um feixe de elétrons de energia apropriada incida sobre um sólido cristalino. Esta idéia foi confirmada por experiências realizadas por Davisson e Germer nos Estados Unidos e por Thonson na Escócia.

3. CONCEITO DE ONDA

Para introduzir o conceito de ondas, vou apresentar uma clássica experiência, que é a seguinte:

Ao atirar uma pedra nas águas tranqüilas de um lago; o impacto da pedra contra a água origina o aparecimento de uma elevação circular em torno da depressão. A elevação denomina-se *"crista"* e a depressão *"vale"*.

Observa-se uma série de cristas e vales propagando-se pela superfície da água, como circunferências concêntricas com o ponto onde se origina a perturbação, possuem raios cada vez maiores.

As séries de cristas e vales constituem uma onda, propagando-se na superfície da água.

4. CONCEITOS FUNDAMENTAIS DE ONDAS

Passarei a mostrar alguns conceitos fundamentais indispensáveis ao estudo das ondas.

a) *Período de uma onda*
O período de uma onda é o tempo decorrido no processamento de uma oscilação completa de um pulso.

b) *Freqüência de uma onda*
Corresponde ao número de oscilações efetuadas na unidade de tempo.

c) *Comprimento de onda*
O comprimento de onda é a distância entre duas cristas consecutivas. Generalizadamente, costuma-se representar o comprimento de onda pela letra grega λ (Lambda).
Considere o seguinte esquema que caracteriza matematicamente o modelo de uma onda unidimensional:

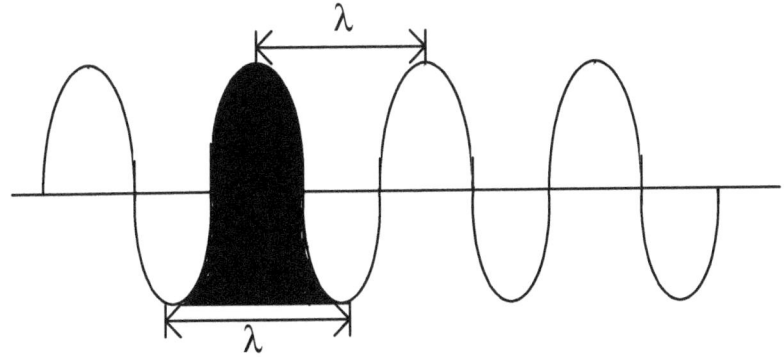

Observe que a distância entre duas cristas adjacentes ou entre dois vales adjacentes é sempre a mesma. Portanto o comprimento de onda λ é a distância entre duas cristas ou dois vales consecutivos.

5. ONDAS PERIÓDICAS

Quando um pulso segue o outro em uma sucessão regular tem-se uma onda periódica. Nas ondas periódicas, o formato das ondas individuais se repete em intervalos de tempos iguais. Isso significa que o corpúsculo descreve movimento uniforme; pois para os mesmos períodos correspondem a um mesmo comprimento de onda. Logo o tempo que o corpúsculo leva para percorrer a distância λ é o período T que o mesmo leva para efetuar uma oscilação completa.

Pela mecânica clássica, sabe-se que a velocidade de um corpúsculo em movimento retilíneo uniforme é igual ao quociente do espaço percorrido, inverso pela variação de tempo decorrido no deslocamento do referido corpúsculo.

O referido enunciado é expresso simbolicamente pela seguinte relação:

$$V = \Delta x/\Delta t$$

Porém, como o corpúsculo percorre periodicamente uma distância que corresponde ao comprimento de onda λ e gasta para percorrê-la um intervalo de tempo igual ao período T; então, conclui-se que a velocidade de um corpúsculo que se propaga-se através de um movimento ondulatório é igual ao quociente do comprimento de onda, inversa pelo período T.

Simbolicamente, o referido enunciado é expresso pela seguinte relação:

$$V = \lambda/T$$

Demonstrei que o período é igual ao inverso da freqüência. O referido enunciado é expresso simbolicamente pela seguinte relação:

$$T = 1/f$$

Então substituindo convenientemente as duas últimas expressões, resulta que:

$$V = \lambda . f$$

Logo, conclui-se que a velocidade de propagação de um pulso é igual ao comprimento de inda em produto com a freqüência do pulso que caracteriza o corpúsculo.

6. CLASSIFICAÇÃO DO MOVIMENTO

a) Movimento Progressivo
Toda vez que o movimento de um corpúsculo apresentar uma velocidade positiva, ela simplesmente indica que o dito corpúsculo desloca-se no mesmo sentido da orientação positiva de uma trajetória qualquer que tenha que percorrer. Neste caso particular o movimento é chamado progressivo.

b) Movimento Retrógrado
Toda vez que o movimento de um corpúsculo apresentar uma velocidade negativa, ela simplesmente indica que o referido corpúsculo desloca-se em sentido contrário ao da orientação da trajetória. Neste caso particular o movimento é chamado de Retrógrado.

7. MOVIMENTOS COM VELOCIDADE CONSTANTE

Toda vez que um corpúsculo percorrer comprimentos de onda iguais, em períodos iguais, sua velocidade em qualquer período tem sempre o mesmo valor; quando isso ocorre diz-se que a velocidade é constante no decurso do período. E os movimentos que possuem velocidade constante com o período, são chamados movimentos uniformes; neles, o corpúsculo percorre comprimento de ondas iguais em períodos iguais. O movimento cuja velocidade varia no decorrer do período é chamado por movimento variado.

8. MOVIMENTO UNIFORME

Um corpúsculo se encontra em movimento retilíneo e uniforme quando sua velocidade escalar se mantém constante durante todo o movimento e sua trajetória retilínea.

Dessa maneira, posso concluir que:

a) Os corpúsculos apresentam comprimentos de ondas iguais em períodos iguais;

b) Em qualquer trecho do movimento, a velocidade do corpúsculo é a mesma;

c) A freqüência permanece invariável durante todo o processamento do movimento do corpúsculo.

CAPÍTULO III

MOVIMENTO CORPUSCULAR UNIFORMEMENTE VARIADO

1. INTRODUÇÃO

Os movimentos de corpúsculos com velocidade variável no decurso do período são muito comuns na natureza. Nestes movimentos existe aceleração e o movimento do corpúsculo pode ser acelerado ou retardado. O movimento corpuscular uniformemente variado é o movimento particular de velocidade variável; sua aceleração é constante com o período. Esse movimento é detalhadamente discutido no presente capítulo.

2. MOVIMENTOS COM VELOCIDADE VARIÁVEL

Os movimentos são classificados em duas amplas categorias:

a) Movimentos Uniformes
Os movimentos uniformes são aqueles que apresentam velocidade constante;

b) Movimentos Variados

Os movimentos variados são aqueles cuja velocidade do corpúsculo varia com o período.

3. GRANDEZAS DE UM CORPÚSCULO ACELERADO

Quando um corpúsculo é submetido à ação de uma força, ele passa a sofrer uma aceleração; nessas condições sua velocidade é variável.

Assim, passa a apresentar um comprimento de onda variável.

Observe o esquema indicado na seguinte figura:

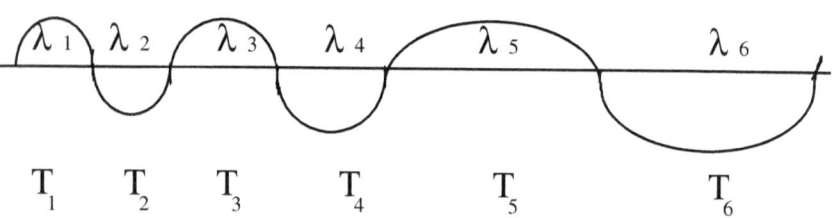

Evidentemente a cada comprimento de onda o período é sempre o mesmo, ou seja:

$$T_1 = T_2 = T_3 = T_4 = T_5 = T_6 = \dots = T_n$$

Portanto a somatória de todos os períodos envolvidos nos pulsos é igual ao número de pulsos em produto com o período.

Simbolicamente, o referido enunciado é expresso por:

$$\Sigma T = n . T$$

A somatória dos comprimentos de ondas é expressa por:

$$\Sigma\lambda = \lambda_1 + \lambda_2 + \lambda_3 + ... + ?_{n-1} + \lambda_n$$

4. ACELERAÇÃO

Aceleração é a grandeza que mede a variação da velocidade do decurso do período.

Dessa maneira, a aceleração é igual ao quociente da variação da velocidade, inversa pela somatória do período.

Simbolicamente, o referido enunciado é expresso por:

$$G = \Delta V / n . T$$

Demonstrei que o período é o inverso da freqüência. Simbolicamente, o referido enunciado é expresso pela seguinte relação:

$$T = 1/T$$

Portanto, a somatória do período é igual a somatória do inverso da freqüência.

O referido enunciado é expresso simbolicamente pela seguinte relação:

$$\Sigma T = \Sigma \, (1/T)$$

Porém como:

$$\Sigma T = n \cdot T$$

Então posso escrever que

$$n \cdot T = n \cdot 1/f$$

Logo, a referida expressão permite escrever que:

$$G = \Delta V/(n/f)$$

Portanto vem que:

$$G = \Delta V \cdot f/n$$

Onde "n" é um número inteiro positivo.

Assim, posso concluir que a aceleração é igual à variação da velocidade do corpúsculo em produto com a freqüência do mesmo e inverso pelo número de pulsos que ocorrem no processamento do movimento.

As experiências mostram que a variação da velocidade de um corpúsculo em movimento uniformemente variado é igual a somatória dos comprimentos de ondas inversa pelo número de pulsos em produto com o período.

Simbolicamente, o referido enunciado é expresso por:

$$\Delta V = \Sigma\lambda/n \, . \, T$$

Porém, demonstrei que:

$$n \, . \, T = n/f$$

Substituindo convenientemente as duas últimas expressões, obtém-se que:

$$V = \Sigma\lambda/(n/f)$$

Logo resulta que:

$$\Delta V = \Sigma\lambda \, . \, f/n$$

Substituindo convenientemente as expressões da aceleração e a da velocidade, vem que:

$$G = \Delta V \cdot f/n$$

Como:

$$\Delta V = \Sigma \lambda \cdot f/n$$

Então, vem que:

$$G = \Delta \lambda \cdot f \cdot f/n \cdot n$$

Logo, resulta que:

$$G = \Delta \lambda \cdot f^2/n^2$$

Portanto, conclui-se que a aceleração de um corpúsculo é igual a somatória do comprimento de onda em produto com o quadrado da freqüência, inversa pelo quadrado do número de pulsos.

É possível demonstrar que o quadrado do número de pulsos em produto com o quadrado do período é igual ao quadrado do número de pulsos, inverso pelo quadrado da freqüência.

Simbolicamente, o referido enunciado é expresso por:

$$n^2 \cdot T^2 = n^2/f^2$$

Substituindo convenientemente as duas últimas expressões, resulta que:

$$G = \Sigma\lambda/ \, n^2 \cdot T^2$$

Isso permite afirmar que a aceleração de um corpúsculo é igual a somatória do comprimento de onda, inversa pelo quadrado do número de pulsos em produto com o quadrado do período.

5. EQUAÇÃO INDEPENDENTE DA FREQÜÊNCIA OU DO PERÍODO

No movimento corpuscular uniformemente variado um corpúsculo acelerado apresenta comprimentos de ondas variáveis. Já em um movimento uniforme os comprimentos de ondas são absolutamente iguais. Porém, isso será motivo de discussão em outra parte.

No presente parágrafo, vou procurar estabelecer uma equação para o comprimento de onda que independe da freqüência ou do período.

Demonstrei que em um movimento uniformemente variado, o quociente do número de ciclos de um corpúsculo inverso pela freqüência é igual à variação de velocidade, inversa pela aceleração corpuscular.

Simbolicamente, o referido enunciado é expresso por:

$$n/f = \Delta V/G$$

Cheguei a demonstrar, também que a somatória dos comprimentos de ondas de um corpúsculo em movimento uniformemente variado é igual ao quociente da variação da velocidade corpuscular em produto com o número de ciclos inversos pela freqüência de propagação corpuscular.

O referido enunciado é expresso simbolicamente pela seguinte igualdade:

$$\Sigma\lambda = \Delta V \ . \ n/f$$

Igualando convenientemente as duas últimas expressões, resulta que:

$$\Sigma\lambda = \Delta V \ . \ \Delta V/G$$

Portanto, vem que:

$$\Sigma\lambda = \Delta V^2/G$$

Ou simplesmente:

$$\Delta V^2 = G \ . \ \Sigma\lambda$$

Logo, posso concluir que o quadrado da variação da velocidade de um corpúsculo em movimento uniformemente variado é igual à aceleração a que está submetido em produto com a somatória dos comprimentos de ondas que o referido corpúsculo apresenta.

6. SOMATÓRIA DE VELOCIDADES CORPUSCULARES

No movimento uniformemente variado, a velocidade corpuscular, em cada período, sofre uma variação.

Por esse motivo achei muito interessante empregar uma fórmula que traduza a somatória da velocidade de um corpúsculo.

Evidentemente, a velocidade de um corpúsculo em cada período, cresce numa progressão aritmética.

Porém, a soma dos termos de uma progressão aritmética finita é expressa por:

$$S_n = n/2 \cdot (a_1 + a_n)$$

Então, traduzido para os termos cinemáticos, posso escrever que:

$$\Sigma V = n/2 \cdot (V_1 + V_n) \qquad (A)$$

Isso me permite afirmar que a somatória das velocidades corpusculares é igual à metade do número de pulsos em produto com a soma entre a velocidade no primeiro intervalo do período (T_1) com a última velocidade expressa por (T_n).

Porém, afirmei que o número de pulsos é igual à velocidade final em produto com a freqüência, inversa pela aceleração corpuscular.

Simbolicamente, o referido enunciado é expresso por:

$$n = V_n \cdot f/G \qquad (B)$$

Substituindo (B) em (A); resulta que:

$$\Sigma V = V_n \cdot f/2G \cdot (V_1 + V_n)$$

Logo, depois demonstrei que o número de pulsos é igual ao quociente da somatória dos comprimentos de ondas em produto com a freqüência, inversa pela velocidade final.

O referido enunciado é expresso simbolicamente por:

$$n = \Sigma \lambda \cdot f/V_n \qquad (C)$$

Substituindo convenientemente (C) em (A); resulta que:

$$\Sigma V = [(V + V_n)/2V_n] \cdot \Sigma \lambda \cdot f$$

Posso escrever, ainda que:

$$\Sigma V = \tfrac{1}{2} \cdot [(V_1/V_n) + 1] \cdot \Sigma\lambda \cdot f$$

7. CLASSIFICAÇÃO DO MOVIMENTO CORPUSCULAR UNIFORMEMENTE VARIADO

Quando um corpúsculo está acelerado sua velocidade aumenta a cada intervalo do período e, portanto em cada período o comprimento de onda aumenta. Se um corpúsculo apresenta movimento retardado, sua velocidade diminui com cada intervalo de período e logo, em cada período o comprimento de onda diminui.

8. MOVIMENTO CORPUSCULAR COM VELOCIDADE POSITIVA

Vou estudar agora um movimento no qual a velocidade é positiva; nesse caso o sinal somente indica que o corpúsculo se desloca no sentido de orientação e trajetória.

Suponha, agora, que o corpúsculo esteja em movimento acelerado; isto é, em períodos iguais, apresentando comprimentos de ondas cada vez maiores.

Logo, depreende-se daí que a variação de velocidade para cada período será positiva e, portanto, a aceleração também o será.

$$G = \Delta V \cdot f/n$$

Onde a ΔV representa a variação da velocidade do corpúsculo no período de tempo. Pelo fato de $\Delta V > 0$ e $f > 0$, pode-se notar que a equação $G = \Delta V \cdot f/n$ também é maior que zero, logo o movimento é acelerado.

Por outro lado, tomarei um corpúsculo em movimento retardado; isto é, apresentando comprimentos de ondas, em períodos iguais, cada vez menores. Depreende-se daí que a variação de velocidade, para cada freqüência, será negativa ($\Delta V < 0$) e, portanto, a aceleração também ($g < 0$), nesse caso o movimento corpuscular é dito retardado.

9. MOVIMENTO CORPUSCULAR COM VELOCIDADE NEGATIVA

Estudarei agora, o movimento de um corpúsculo em que a velocidade é negativa ($\Delta V < 0$). Ressaltarei que $\Delta V < 0$, indica somente que o corpúsculo se desloca no sentido contrário ao da orientação da trajetória.

Vou supor que o corpúsculo esteja submetido a uma intensidade de força, portanto, há um movimento acelerado. A variação de velocidade para cada freqüência, será negativa ($\Delta V < 0$) e, portanto, a aceleração também ($G < 0$); logo o movimento do corpúsculo é acelerado.

Por outro lado, suponha que o corpúsculo esteja em movimento retardado. A variação de velocidade, para cada freqüência, será positiva ($\Delta V > 0$) e, portanto, a aceleração também ($G > 0$).

10. MOVIMENTO UNIFORMEMENTE VARIADO

Um corpúsculo está em movimento retilíneo e uniformemente variado quando sua aceleração escalar se mantém constante durante todo o movimento e sua trajetória é retilínea.

Dessa maneira, posso concluir que:

a) O corpúsculo apresenta variações de velocidades iguais em freqüências iguais;

b) Em qualquer estágio do movimento do corpúsculo, sua aceleração é a mesma.

CAPÍTULO IV

MOVIMENTO CIRCULAR

1. INTRODUÇÃO

No presente capítulo serão largamente estudados os comprimentos de ondas, velocidades e acelerações angulares. Analisarei ainda o corpúsculo de movimento em trajetórias circulares:

a) Movimento circular uniforme;

b) Movimento circular uniformemente variado.

Afirmo que um corpúsculo está animado de movimento circular se a trajetória descrita por ele for uma circunferência.

Uma grande gama de movimentos registrados na natureza corpuscular são circulares ou aproximadamente circulares, o que vem a destacar a relevância do estudo que farei. Entre vários, posso citar como exemplo os movimentos dos elétrons em torno do núcleo atômico, que obedecem a trajetórias bastante próximas das circulares.

A seguir, passo a apresentar alguns conceitos iniciais que serão necessários neste estudo.

2. ABSCISSA ANGULAR

Denomina-se abscissa angular de um corpúsculo que percorre uma trajetória circular ao ângulo φ formado entre o eixo CO (tomado como origem) e o vetor posição $\overline{\mathbf{CP}}$ do ponto P. O ângulo φ (fase) é, por convenção, sempre tomado no mesmo sentido do comprimento de onda λ.

Supondo o raio da circunferência como R, sabe-se pela geometria plana que:

$$φ = λ/\mathbf{R}$$

Ou seja: o ângulo é igual ao comprimento de onda dividido pelo raio.

Posso escrever que:

$$λ = φ \cdot \mathbf{R}$$

Onde a letra φ representa a medida do ângulo expressa em radiano.

Portanto, radiano é o ângulo central cujos lados interceptam uma circunferência, determinando sobre a mesma um arco que corresponde ao comprimento de onda de comprimento igual ao do raio.

Observe que a unidade *"radiano"* foi introduzida arbitrariamente para representar o resultado de um quociente entre duas medidas de comprimento; portanto, o radiano é um número puro.

3. VELOCIDADE ANGULAR

Chama-se velocidade angular média de um corpúsculo a razão entre o ângulo que ele descreve e o período de tempo que ele leva para descrever tal ângulo.

Geralmente a velocidade angular é representada pela letra ω (ômega, letra do alfabeto grego). O último enunciado é expresso simbolicamente pela seguinte relação:

$$\omega = \varphi/T$$

Em outra parte foi demonstrado que o período é igual ao inverso da freqüência. Simbolicamente, o referido enunciado é expresso pela seguinte relação:

$$T = 1/f$$

Substituindo convenientemente as duas últimas relações, obtém-se que:

$$\omega = \varphi \cdot f$$

Logo, posso concluir que a velocidade angular de um corpúsculo é igual ao ângulo que ele descreve em produto com a freqüência.

4. ACELERAÇÃO ANGULAR

Em se tratando de movimento circulares, a aceleração angular é definida como sendo o quociente da variação da velocidade angular, inversa pelo número de pulsos em produto com o período.

Simbolicamente, o referido enunciado é expresso por:

$$\alpha = \Delta\omega/n \cdot T$$

Porém, demonstrei que o número de pulsos em produto com o período é igual ao número de pulsos, inverso pela freqüência corpuscular.

O referido enunciado é expresso simbolicamente pela seguinte relação:

$$n \cdot T = n/f$$

Substituindo convenientemente as duas últimas relações; vem que:

$$\alpha = \Delta\omega/(n/f)$$

Portanto resulta:

$$\alpha = \Delta\omega \cdot f/n$$

LEANDRO BERTOLDO
Mecânica Elementar

Logo posso concluir que a aceleração angular é igual à variação da velocidade angular em produto com a freqüência, inversos pelo número de pulsos.

5. MOVIMENTO CIRCULAR E UNIFORME DE UM CORPÚSCULO

Digo que um corpúsculo está animado de movimento circular e uniforme se a trajetória descrita por ele é uma circunferência e sua velocidade escalar é constante.

É fácil perceber que o ângulo φ corresponde ao comprimento de onda λ de um corpúsculo que órbita numa circunferência. Como, entre o comprimento de onda e o ângulo, subsiste a seguinte relação:

$$\varphi = \lambda/R$$

Onde R é o próprio raio da circunferência, posso escrever que:

$$\lambda = \varphi \cdot R$$

Porém, demonstrei que:

$$\lambda = V \cdot T$$

Substituindo convenientemente as duas últimas expressões, resulta que:

$$\varphi . R = V . T$$

Como no movimento uniforme o período é o inverso da freqüência, posso escrever que:

$$T = 1/f$$

Substituindo convenientemente as duas últimas expressões, vem que:

$$V = \varphi . R . f$$

Lembrando ainda, que no referido movimento, a velocidade angular é igual ao ângulo em produto com a freqüência.

Simbolicamente, o referido enunciado é expresso por:

$$\omega = \varphi . f$$

Então, substituindo convenientemente as duas últimas expressões, resulta que:

$$V = R . \omega$$

Esta é a expressão que traduz a relação existente entre a velocidade escalar V e a velocidade angular ω.

Como V é constante no movimento uniforme e o raio R da circunferência também, tem-se evidentemente velocidade angular constante. Portanto, no movimento circular e uniforme, tanto a velocidade escalar quanto a angular são constantes.

Voltando à expressão: $\lambda = V \cdot f$

Substituindo convenientemente os valores de λ e V, tem-se que:

$$\lambda = V \cdot f$$
$$\varphi \cdot R = \omega \cdot R \cdot T$$

Eliminando os temos em evidência, resulta que:

$$\varphi = \omega \cdot T$$

Porém, demonstrei que no movimento uniforme, existe a seguinte relação:

$$T = 1/f$$

Substituindo convenientemente as duas últimas expressões, obtém-se que:

$$\varphi = \omega/f$$

Isso me permite concluir que o ângulo descrito por um corpúsculo em movimento circular uniforme é igual ao quociente da velocidade angular, inversa pela freqüência do corpúsculo.

6. DEFINIÇÕES IMPORTANTES NO MOVIMENTO CIRCULAR UNIFORME DE UM CORPÚSCULO.

Os corpúsculos, genericamente apresentam um movimento ondulatório; então, apresentam também um período T e uma freqüência f, característico dos corpúsculos, tanto no movimento retilíneo quanto no circular.

Porém, quando apresentam um movimento circular passam a apresentar um período t e uma freqüência F de revolução, característica do movimento e não da natureza do corpúsculo. Portanto, passarei às definições:

a) Período Circular (t)

O período circular no movimento uniforme é o tempo gasto para o corpúsculo dar uma volta completa na circunferência.

b) Freqüência Circular (F)

A freqüência circular é o número de revoluções completas efetuadas pelo corpúsculo, por unidade de tempo.

Os livros de física clássica demonstram que a freqüência circular e o período circular são inversamente proporcionais.

Simbolicamente, posso escrever que:

$$t \cdot F = 1$$

Já o período e a freqüência característica do corpúsculo são caracterizados por:

$$T \cdot f = 1$$

Igualando convenientemente as duas últimas equações, resulta que:

$$t \cdot F = T \cdot f$$

Logo, posso escrever que:

$$t/T = f/F$$

O que corresponde a um número inteiro:

$$t/T = f/F = n$$

Onde n = 1, 2, 3, ... n; que corresponde ao número de pulsos do corpúsculo.

Então, analisando os referidos resultados, posso afirmar que o período do corpúsculo é aquele que utiliza para descrever um comprimento de onda, enquanto que o período circular é aquele empregado para o corpúsculo efetuar uma volta completa em um círculo.

Agora, retornando ao estudo inicial, suponha que um corpúsculo em movimento circular uniforme descreva uma volta completa; ou seja, φ = 2. Como o tempo gasto para o corpúsculo efetuar uma volta completa, em movimento circular uniforme, é o próprio período circular, então, tem-se:

$$\omega = \varphi/T = 2\pi/t$$

Como:

$$t = 1/F$$

Tem-se que:

$$\omega = 2\pi \cdot F$$

Por outro lado, como:

V = ω . R, substituindo convenientemente ω, resulta que:

$$V = 2\pi . R/t = 2\pi . F. R$$

Demonstrei em outra parte que a velocidade escalar de um corpúsculo em movimento uniforme é igual ao comprimento de onda que descreve, em produto com a freqüência corpuscular.

Simbolicamente, o referido enunciado é expresso pela seguinte equação:

$$V = \lambda . f$$

Igualando convenientemente as duas últimas expressões, obtém-se que:

$$\lambda . f = 2\pi . R/t = 2\pi . F . R$$

Logo, posso escrever que:

$$\lambda . f = 2\pi . F . R$$

$$f = 2\pi . F. R/\lambda$$

$$f/F = 2\pi . R/\lambda$$

Porém, demonstrei que:

$$n = t/T = f/F$$

Substituindo convenientemente as duas últimas relações; vem que:

$$n = 2\pi \cdot R/\lambda$$

Ou seja:

$$n \cdot \lambda = 2\pi \cdot R$$

Logo, posso afirmar que o número de pulos característicos dos corpúsculos que estão numa certa órbita, em produto com o comprimento de onda dos referidos corpúsculos é igual ao dobro de π em produto com o raio da órbita.

Em outro parágrafo demonstrei que o comprimento de onda é igual ao ângulo em produto com o raio da órbita.

Simbolicamente, o referido enunciado é expresso por:

$$\lambda = \varphi \cdot R$$

Substituindo convenientemente as duas últimas equações, obtém-se que:

$$n \cdot \varphi \cdot R = 2\pi \cdot R$$

que: Eliminando os termos em evidência, resulta

$$n \cdot \varphi = 2\pi$$

Isso me permite afirmar que o número de pulsos que um corpúsculo apresenta em uma certa órbita, multiplicado pelo ângulo é igual ao dobro de π.

Em outro parágrafo demonstrei que o ângulo descrito por um corpúsculo ao completar o seu comprimento de onda é igual ao quociente da velocidade angular, inversa pela freqüência do corpúsculo.

Simbolicamente, o referido enunciado é expresso pela seguinte relação:

$$\varphi = \omega/f$$

Substituindo convenientemente as duas últimas equações, obtém-se que:

$$n \cdot \omega/f = 2\pi$$

Desse modo, posso escrever que:

$$n \cdot \omega = 2\pi \cdot f$$

Logo, posso concluir que o número de pulsos que um corpúsculo apresenta numa determinada órbita multiplicada pela velocidade angular do referido corpúsculo é igual ao dobro de π em produto com a freqüência natural do corpúsculo. Demonstrei também, que a velocidade angular de um corpúsculo é igual ao quociente da velocidade escalar, inversa pelo raio da órbita na qual circula o corpúsculo.

Simbolicamente, o referido enunciado é expresso pela seguinte relação:

$$\omega = V/R$$

Substituindo convenientemente as duas últimas equações, obtém-se que:

$$n . V/R = 2\pi . f$$

Logo, posso escrever que:

$$n . V = 2\pi . f . R$$

Portanto, posso concluir que o número de pulsos de um corpúsculo que está em órbita em produto com a velocidade escalar é igual ao dobro de π multiplicado pela freqüência do corpúsculo em produto com o raio da órbita.

7. MOVIMENTO CIRCULAR E UNIFORMEMENTE VARIADO DE UM CORPÚSCULO

Digo que um corpúsculo está animado com movimento circular e uniformemente variado se a trajetória por ele descrita é uma circunferência e se sua aceleração escalar é constante.

A partir da própria definição, observe que, como a aceleração escalar é constante, o movimento circular uniformemente variado apresenta todas as propriedades do movimento retilíneo uniformemente variado, adaptadas, evidentemente, à forma da trajetória (circular).

A mecânica clássica demonstra largamente que a aceleração centrípeta é igual ao quociente do quadrado da velocidade escalar, inversa pelo raio.

Simbolicamente, o referido enunciado é expresso pela seguinte relação:

$$a = V^2/R$$

Em parágrafos anteriores, foi demonstrado que a velocidade escalar é igual à velocidade angular em produto com o raio da órbita.

Simbolicamente, o referido enunciado é expresso por:

$$V = \omega . R$$

Substituindo convenientemente as duas últimas equações, obtém-se que:

$$a = \omega^2 . R^2/R$$

que:

Eliminando os termos em evidência; resulta

$$a = \omega^2 . R$$

Isso permite concluir que a aceleração centrípeta é igual ao quadrado da velocidade angular em produto com o raio.

Em outra parte demonstrei que o raio da órbita de um círculo é igual ao quociente do comprimento de onda, inversa pelo ângulo descrito pelo corpúsculo.

Simbolicamente, o referido enunciado é expresso por:

$$R = \lambda/\varphi$$

Sabe-se que:

$$a = V^2/R$$

Substituindo convenientemente as duas últimas relações, obtém-se:

$$a = V^2/(\lambda/\varphi)$$

Logo, resulta que:

$$a = V^2 . \varphi/\lambda$$

Demonstrei, também, que:

$$a = \omega^2 . R$$

Que substituída convenientemente em **R =** λ/φ, vem que:

$$a = \omega^2 . \lambda/\varphi$$

Em outra parte demonstrei que:

$$\omega . V/R$$

Porém, sabe-se que:

$$a = V^2/R$$

Substituindo convenientemente as duas últimas expressões, obtém-se que:

$$a = \omega . V$$

Logo, posso concluir que a aceleração centrípeta é igual à velocidade angular multiplicada pela velocidade escalar.

Porém, sabe-se que:

$$V = f . \lambda$$

Substituindo convenientemente as duas últimas expressões, resulta que:

$$a = \omega . f . \lambda$$

Em outra parte, demonstrei que:

$$n . V = 2\pi . f . R$$

Isso me permite escrever que:

A) $$V^2 = 4\pi^2 . f^2 . R^2/n^2$$

B) $$R = n . V/2\pi . f$$

Sabe-se que:

C) $$a = V^2/R$$

Substituindo a equação (A) com a relação (C), obtém-se que:

$$a = (4\pi^2 . f^2 . R^2/n^2)/(R/1)$$

Logo, resulta que:

$$a = 4\pi^2 . f^2 . R^2/n^2 . R$$

que:

Eliminando os termos em evidência, vem

$$a = 4\pi^2 . f^2 . R/n^2$$

Assim, resulta:

$$n^2 . a = 4\pi^2 . f^2 . R$$

Assim, posso concluir que o quadrado do número de pulsos de um corpúsculo que encontra-se em órbita através de um movimento circular uniformemente variado em produto com a aceleração centrípeta é igual a quatro vezes o quadrado do valor de π em produto com o quadrado da freqüência do corpúsculo multiplicado pelo raio da órbita do corpúsculo.

Agora, substituindo B em C, resulta que:

$$a = V^2/(n . V/2\pi . f)$$

Logo, resulta que:

$$a = V^2 . 2\pi . f/n . V$$

que:

Eliminando os termos em evidência, resulta

$$n \cdot a = 2\pi \cdot f \cdot R$$

Isso me permite concluir que o número de pulsos de um corpúsculo em órbita multiplicado pela aceleração centrípeta é igual ao dobro do valor de π em produto com a freqüência do corpúsculo multiplicada pela velocidade escalar que o mesmo apresenta.

Finalmente, substituindo convenientemente A, B e C; resulta que:

$$a = V^2/R = (4\pi^2 \cdot f^2 \cdot R^2/n^2)/(n \cdot V/2\pi \cdot f)$$

Logo, resulta que:

$$a = 4\pi^2 \cdot f^2 \cdot R^2 \cdot 2\pi \cdot f/ n^2 \cdot n \cdot V$$

Assim, vem que:

$$a = 8\pi^3 \cdot f^3 \cdot R^2/n^3 \cdot V$$

Como $V = f \cdot \lambda$, vem que:

$$a = 8\pi^3 \cdot f^3 \cdot R^2/n^3 \cdot \lambda \cdot f$$

Eliminando os termos em evidência, resulta que:

$$a = 8\pi^3 . f^2 . R^2/n^3 . \lambda$$

Sabe-se que:

a) $a = \omega^2 . R$

b) $a = 8\pi^3 . f^2 . R^2/n^3 . \lambda$

Então, substituindo convenientemente as duas últimas equações, obtém-se que:

$$\omega^2 . R = 8\pi^3 . f^2 . R^2/n^3 . \lambda$$

que: Eliminando os termos em evidência; vem

$$\omega^2 = 8\pi^3 . f^2 . R/n^3 . \lambda$$

Como demonstrei que:

$$R = a/\omega^2$$

Logo, substituindo convenientemente as duas últimas relações, obtém-se que:

$$\omega^2 = 8\pi^3 . f^2 . a/n^3 . \omega^2 . \lambda$$

Eliminando os termos em evidência, resulta que:

$$\omega^4 = 8\pi^3 . f^2 . a/n^3 . \lambda$$

Isso permite concluir que o cubo da velocidade angular é igual a oito vezes o valor de π elevado à terceira potência em produto com o quadrado da freqüência do corpúsculo, multiplicado com a aceleração centrípeta, inversa pelo comprimento de onda do corpúsculo em produto com a terceira potência do número de pulsos corpuscular.

8. EQUAÇÕES ANGULARES DO MOVIMENTO ONDULATÓRIO CIRCULAR UNIFORMEMENTE VARIADO

a) EQUAÇÕES DA VELOCIDADE E ACELERAÇÃO

Em capítulos anteriores demonstrei que:

$$\Delta V = G. n . T$$

Empregando a relação entre velocidade escalar e angular:

$$\Delta V = \Delta\omega . R$$

Substituindo convenientemente as duas últimas expressões, resulta que:

$$\Delta\omega . R = G . n . T$$

Assim, posso escrever que:

$$\Delta\omega/n \cdot t = G/R$$

Porém demonstrei que:

$$n \cdot T = n/f$$

Substituindo convenientemente as duas últimas relações, resulta que:

$$\Delta\omega \cdot f/n = G/R$$

Logo, posso concluir que a variação da velocidade angular de um corpúsculo, em produto com a freqüência do referido corpúsculo, e inversa pelo número de pulsos é igual ao quociente da aceleração linear inversa pelo raio da órbita.

A aceleração angular de um corpúsculo é expressa por:

$$\alpha = \Delta\omega/n \cdot T$$

Dessa maneira, tem-se que:

$$\alpha = \Delta\omega \cdot f/n = G/R$$

Assim, resulta:

$$\alpha = G/R$$

Em outros capítulos, demonstrei que:

$$G = \Delta V \cdot f/n$$

Substituindo convenientemente as duas últimas expressões, resulta que:

$$\alpha = \Delta V \cdot f/n \cdot R$$

Isso permite concluir que a aceleração angular é igual ao quociente da variação da velocidade linear em produto com a freqüência corpuscular inversa pelo número de pulsos em produto com o raio da órbita do corpúsculo.

Porém, demonstrei que:

$$\Delta V \cdot \Sigma\lambda \cdot f/n$$

Substituindo convenientemente as duas últimas equações, resulta que:

$$\alpha = \Sigma\lambda \cdot f^2/R \cdot n^2$$

Logo, posso concluir que a aceleração angular é igual à somatória do comprimento de onda em produto com o quadrado da freqüência corpuscular inversa pelo quadrado dos pulsos ondulatórios em produto com o raio da órbita do corpúsculo.

Afirmei que a aceleração centrípeta é expressa pela seguinte relação:

$$a = V^2/R$$

Demonstrei que:

$$\alpha = G/R$$

Substituindo convenientemente as duas últimas relações, resulta que:

$$\alpha = G/(V^2/a)$$

Logo, vem que:

$$\alpha = G . a/V^2$$

Assim posso concluir que a aceleração angular é igual ao quociente entre a aceleração linear em produto com a aceleração centrípeta inversa pelo quadrado da velocidade.

b) EQUAÇÕES ANGULARES

Em capítulos anteriores, demonstrei que:

$$\Delta V^2 = G . \Sigma\lambda$$

Porém, sabe-se que:

1) $\Delta V^2 = R^2 \cdot \Delta\omega^2$
2) $G = \alpha \cdot R$
3) $\Sigma\lambda = R \cdot \Sigma\varphi$

Substituindo, obtém-se que:

$$R^2 \cdot \Delta\omega^2 = \alpha \cdot R \cdot R \cdot \Sigma\varphi$$

Então, resulta que:

$$R^2 \cdot \Delta\omega^2 = \alpha \cdot R^2 \cdot \Sigma\varphi$$

que:
Eliminando os termos em evidência, vem

$$\Delta\omega^2 = \alpha \cdot \Sigma\varphi$$

Dessa maneira, conclui-se que o quadrado da variação da velocidade angular do corpúsculo é igual à aceleração angular em produto com a somatória dos ângulos.

Em outra parte do presente tratado, demonstrei que:

$$\Delta\lambda = G \cdot n^2/f^2$$

Porém, sabe-se que:

I) $\quad \Sigma\lambda = R . \Sigma\varphi$

II) $\quad G = \alpha . R$

Então, substituindo convenientemente os resultados expostos, obtém-se que:

$$R . \Sigma\varphi = \alpha . R . n^2/f^2$$

que:

Eliminando os termos em evidência, resulta

$$\Delta\varphi = \alpha . n^2/f^2$$

Isso me permite concluir que a somatória do ângulo corpuscular é igual ao quociente da aceleração angular em produto com o quadrado do número de pulsos inversos pelo quadrado da freqüência corpuscular.

CAPÍTULO V

DINÂMICA QUÂNTICA

1. INTRODUÇÃO

A Dinâmica Quântica Elementar é a parte da mecânica quântica Elementar que estuda tanto as correlações entre os movimentos - causas e efeitos - quanto as relações entre os movimentos e a massa dos corpúsculos que se movimentam.

No presente capítulo, duas novas grandezas surgem:
a) Força;
b) Massa.

A força é uma grandeza vetorial e a massa uma grandeza escalar. Nos capítulos anteriores houve apenas uma descrição matemática dos movimentos corpusculares, sem discussão das causas que os geraram.

Portanto, posso afirmar que, a *Dinâmica Quântica Elementar* é a parte de sua mecânica que estuda os movimentos corpusculares e suas causas.

2. NOÇÕES DE FORÇA

A noção de força é inteiramente intuitiva. E independentemente das causas que as provocam, as forças são estudadas pelos efeitos que produzem. Pode-se perceber claramente que, para movimentar, acelerar ou retardar o movimento de um corpúsculo é absolutamente necessário exercer uma força.

Em síntese dinâmica, o conceito de força pode ser resumido na seguinte frase: *"Força é toda ação, num corpo, capaz de modificar seu estado de repouso ou de movimento"*.

3. SOBRE A MASSA

O conceito de massa provém das características que produz. A massa é uma grandeza caracterizada como sendo a quantidade de matéria que o corpo apresenta. Sua existência implica que dois corpos não ocupam o mesmo lugar no espaço. Em última análise a massa é um dos estados da energia.

04. PRINCÍPIO FUNDAMENTAL

O conceito dinâmico de força mostra ser esta o agente físico responsável pela aceleração de um corpúsculo.

As alterações de velocidade ocorrem quando existe aceleração, cujas características são expressas pelo conhecido princípio fundamental da dinâmica newtoniana; ou segunda lei do movimento de

Newton, que apresenta o seguinte enunciado: "Uma força atuando em um ponto material produz uma aceleração na sua direção e no seu sentido, cuja intensidade dessa força é igual à massa do corpo em produto com a aceleração a qual está sujeito".

Simbolicamente, o referido enunciado é expresso por:

$$F = m \cdot G$$

E assim está apresentada a equação fundamental da mecânica newtoniana.

5. A EQUAÇÃO NEWTONIANA E OS CORPÚSCULOS

Em capítulos anteriores demonstrei que a aceleração de um corpúsculo é igual à variação da velocidade corpuscular em produto com a freqüência do corpúsculo em um dado instante e inverso pelo número de pulsos que caracterizam o movimento de um corpúsculo.

Simbolicamente o referido enunciado é expresso pela seguinte relação:

$$G = \Delta V \cdot f/n$$

Sabe-se que a intensidade de força é igual à massa do corpúsculo em produto com sua aceleração.

O referido enunciado é expresso simbolicamente por:

$$F = m \cdot G$$

Então, substituindo convenientemente as duas últimas equações, resulta que:

$$F = m \cdot f \cdot \Delta V/n$$

Isso permite concluir que a força é igual a massa do corpúsculo em produto com a freqüência multiplicado pela variação da velocidade, inversa pelo número de pulsos.

Logo depois demonstrei que a aceleração de um corpúsculo é igual a somatória dos comprimentos de ondas em produto com o quadrado da freqüência, inversa pelo quadrado do número de pulsos.

Simbolicamente, o referido enunciado é expresso pela seguinte relação:

$$G = \Sigma\lambda \cdot f^2/n^2$$

Sabe-se que: $F = m \cdot G$

Então, substituindo convenientemente as duas últimas expressões; resulta que:

$$F = m \cdot f^2 \cdot \Sigma\lambda/n^2$$

Assim, posso concluir que a intensidade de força é igual a massa do corpúsculo em produto com o quadrado da freqüência multiplicados pela somatória do comprimento de ondas, inversos pelo quadrado do número de pulsos.

Também, cheguei a demonstrar que a aceleração adquirida por um corpúsculo é igual ao quadrado da variação da velocidade, inversa pela somatória dos comprimentos de ondas.

Simbolicamente, o referido enunciado é expresso pela seguinte relação:

$$G = \Delta V^2/\Sigma\lambda$$

Sabe-se que: $F = m \cdot G$

Logo, substituindo convenientemente as duas últimas expressões, vem que:

$$F = m \cdot \Delta V^2/\Sigma\lambda$$

Isso permite concluir que a intensidade de força é igual ao quadrado da variação da velocidade, inversa pela somatória do comprimento de onda corpuscular.

6. A INTENSIDADE DE FORÇA E O MOVIMENTO CIRCULAR.

Considere um corpúsculo de massa (m) percorrendo uma trajetória curvilínea qualquer. Evidentemente em qualquer instante, sua velocidade está mudando; pois pelo princípio da inércia, o corpúsculo continuaria para sempre com a mesma velocidade vetorial, caso nenhuma força sobre ele atuasse. Sabendo que o corpúsculo descreve uma trajetória curvilínea, tendo, portanto velocidade variável, conclui-se que existe ao menos uma força atuando sobre o referido corpúsculo.

A força responsável pela trajetória curvilínea que o corpúsculo apresenta é denominada por força centrípeta; esta força provoca o aparecimento da aceleração centrípeta, que altera somente a direção do vetor velocidade.

A física clássica mostra que a aceleração centrípeta é igual ao quociente do quadrado da velocidade inversa pelo raio da órbita.

Simbolicamente o referido enunciado é expresso pela seguinte relação:

$$a = \Delta V^2/R$$

Newton mostrou que:

$$F = m \cdot a$$

Substituindo convenientemente as duas últimas expressões, resulta que:

$$F_C = m \cdot \Delta V^2/R$$

Em capítulos anteriores demonstrei que a aceleração centrípeta é igual ao ângulo descrito em produto com o quadrado da variação da velocidade, inversa pelo comprimento de onda. Simbolicamente, o referido enunciado é expresso pela seguinte relação:

$$a = \varphi \cdot \Delta V^2/\lambda$$

Logo, substituindo convenientemente a referida expressão em $F_C = m \cdot a$

$$F_C = m \cdot \varphi \cdot \Delta V^2/\lambda$$

Assim, posso concluir que a força centrípeta é igual à massa do corpúsculo em produto com o ângulo multiplicado pelo quadrado da variação da velocidade, inversa pelo comprimento de onda que o corpúsculo apresenta.

Logo depois demonstrei que a aceleração centrípeta é igual ao comprimento de onda corpuscular em produto com a freqüência multiplicada pela velocidade angular.

Simbolicamente, o referido enunciado é expresso por:

$$a = \omega \cdot f \cdot \lambda$$

Substituindo convenientemente a referida expressão com $F_C = m \cdot a$; resulta que:

$$F_C = m \cdot \omega \cdot f \cdot \lambda$$

Desse modo, posso concluir que a força centrípeta é igual à massa do corpúsculo em produto com a velocidade angular que multiplica a freqüência em produto com o comprimento de onda.

Demonstrei que a aceleração centrípeta é igual ao valor quatro multiplicado pelo quadrado de π em produto com o quadrado da freqüência multiplicados pelo raio da órbita, inversa pelo quadrado do número de pulsos.

Simbolicamente, o referido enunciado é expresso pela seguinte relação:

$$a = 4\pi^2 \cdot f^2 \cdot R/n^2$$

Logo, substituindo convenientemente a última expressão em $F_C = m \cdot a$; vem que:

$$F_C = m \cdot 4\pi^2 \cdot f^2 \cdot R/n^2$$

Desse modo, posso escrever que:

$$n^2 \cdot F_C = m \cdot 4\pi^2 \cdot f^2 \cdot R$$

Assim, posso concluir que o quadrado do número de pulsos em produto com a força centrípeta é igual a massa do corpúsculo em produto quatro vezes o quadrado do valor de pi (π) em produto com o quadrado da freqüência multiplicados pelo raio da órbita corpuscular.

Cheguei a demonstrar que a aceleração centrípeta é igual ao dobro do valor de π (pi) em produto com a freqüência e multiplicados pela variação da velocidade, inversa pelo número de pulsos.

Simbolicamente o referido enunciado é expresso por:

$$a = 2\pi \cdot f \cdot V/n$$

Que substituída convenientemente com a expressão $F_C = m \cdot a$; resulta que:

$$F_C = m \cdot 2\pi \cdot f \cdot V/n$$

Assim, posso escrever que:

$$n \cdot F_C = m \cdot 2\pi \cdot f \cdot V$$

Logo, depois demonstrei que a aceleração centrípeta é igual a oito vezes o cubo de π em produto com o quadrado da freqüência multiplicada pelo quadrado do raio , inverso pelo cubo do valor do número de pulsos multiplicado pelo comprimento de onda.

Simbolicamente, o referido enunciado é expresso por:

$$a = 8\pi^3 . f^2 . R^2/n^3 . \lambda$$

Sabe-se que $F_C = m . a$. Assim, substituindo convenientemente as duas últimas expressões, obtém-se:

$$F_C = m . 8\pi^3 . f^2 . R^2/n^3 . \lambda$$

Demonstrei também, que a aceleração centrípeta é igual a oito vezes o cubo de π em produto com o cubo da freqüência multiplicado pelo quadrado do raio, inverso pelo cubo do número de pulsos em produto com a velocidade do corpúsculo.

Simbolicamente, o referido enunciado é expresso por:

$$a = 8\pi^3 . f^3 . R^2/n^3 . V$$

Sabe-se que $F_C = m . a$. Desse modo, substituindo convenientemente as duas últimas expressões, resulta que:

$$F_C = m . 8\pi^3 . f^3 . R^2/n^3 . V$$

CAPÍTULO VI

MOMENTOS QUÂNTICOS ELEMENTARES

1. INTRODUÇÃO

No presente capítulo vou procurar estudar os mais distintos momentos aplicados à Mecânica Quântica Elementar.

Vou considerar no presente capítulo o estudo do Momento Linear de um corpúsculo, do Impulso e o Momento Angular do corpúsculo.

O Impulso e o Momento Linear são duas grandezas vetoriais regidas pelo teorema do impulso. Essas duas grandezas são absolutamente importantes para a análise dos choques dos corpúsculos. Neste mesmo capítulo é estabelecido um princípio de conservação: a conservação do momento linear em sistemas de corpúsculos isolados de forças externas.

02. DEFINIÇÃO MATEMÁTICA DE IMPULSO

Na mecânica newtoniana o impulso é definido como sendo igual à intensidade de força em produto com a variação de tempo.

Simbolicamente o referido enunciado é expresso por:

$$I = F. \Delta t$$

A referida equação analisa o comportamento de uma força que atua durante um certo intervalo de tempo sobre um corpúsculo.

O impulso é uma grandeza vetorial e possui intensidade, direção e sentido. Aplicando a referida equação nos conceitos de corpúsculos basta simplesmente substituir o conceito de tempo por período.

Logo posso escrever que:

$$I = F. T$$

A referida equação expressa o impulso de um corpúsculo em movimento retilíneo uniforme; pois o referido corpúsculo apresenta uma intensidade de força ao se chocar contra qualquer objeto material.

Em capítulos anteriores, demonstrei que o período é o inverso da freqüência.

Simbolicamente, o referido enunciado é expresso por:

$$T = 1/f$$

Então, substituindo convenientemente as duas últimas expressões, resulta que:

$$I = F/I$$

Estudando o movimento corpuscular retilíneo uniformemente variado; posso afirmar que o impulso é igual à intensidade de força em produto com o período multiplicado pelo número de pulsos. O referido enunciado é expresso simbolicamente por:

$$I = F \cdot T \cdot n$$

Porém, demonstrei que o número de pulsos em produto com o período é igual ao número de pulsos, inverso pela freqüência.

Simbolicamente, o referido enunciado é expresso pela seguinte igualdade:

$$n \cdot T = n/f$$

Substituindo convenientemente as duas últimas expressões, resulta que:

$$I = F \cdot n/f$$

Logo posso concluir que a intensidade de impulso é igual à intensidade de força em produto com o número de pulsos inverso pela freqüência corpuscular.

Demonstrei que a intensidade de força é igual à massa do corpúsculo em produto com a freqüência multiplicada pela variação da velocidade, inversa pelo número de pulsos.

Simbolicamente o referido enunciado é expresso pela seguinte relação:

$$F = m \cdot f \cdot \Delta V/n$$

Substituindo convenientemente as duas últimas expressões, resulta que:

$$I = m \cdot f \cdot \Delta V \cdot n/n \cdot f$$

que:

Eliminando os termos em evidência, vem

$$I = m \cdot \Delta V$$

Logo, posso concluir que a intensidade de impulso é igual à massa do corpúsculo em produto com a variação da velocidade.

Demonstrei que a intensidade de força que atua sobre um corpúsculo é igual à sua massa em produto com o quadrado da freqüência, multiplicados pela somatória dos comprimentos de onda, inversa pelo quadrado do número de pulsos.

Simbolicamente o referido enunciado é expresso por:

$$F = m \cdot f^2 \cdot \Sigma\lambda/n^2$$

Sabe-se que:

$$I = F \cdot n/f$$

Substituindo convenientemente as duas últimas expressões, vem que:

$$F = m \cdot f^2 \cdot \Sigma\lambda \cdot n/n^2 \cdot f$$

que: Eliminando os termos em evidência, vem

$$I = m \cdot f \cdot \Sigma\lambda/n$$

Isso permite concluir que a intensidade de impulso é igual à massa do corpúsculo em produto com a freqüência, multiplicados pela somatória dos comprimentos de ondas, inversos pelo número de pulsos.

Afirmei que a intensidade de força que atua sobre um corpúsculo é igual à massa desse corpúsculo em produto com o quadrado da variação da velocidade, inversa pela somatória dos comprimentos de ondas.

Simbolicamente, o referido enunciado é expresso pela seguinte relação:

$$F = m \cdot \Delta V^2/\Sigma\lambda$$

Sabe-se que: $I = F \cdot n/f$

Substituindo convenientemente as duas últimas expressões, vem que:

$$I = n . m . \Delta V^2/f . \Sigma\lambda$$

Logo posso afirmar que a intensidade do impulso é igual ao número de pulsos do corpúsculo em produto com sua massa, multiplicado pelo quadrado da variação da velocidade, inversa pela freqüência em produto com a somatória dos comprimentos de ondas.

3. IMPULSO E O MOVIMENTO CIRCULAR UNIFORME

Demonstrei que a intensidade do impulso de um corpúsculo é expresso pelas seguintes equações:

a) $I = F_C . T$

b) $I = F_C/f$

No movimento circular uniforme, demonstrei que a freqüência de um corpúsculo é igual ao quociente da velocidade angular, inversa pelo ângulo descrito pelo corpúsculo em sua órbita.

Simbolicamente, o referido enunciado é expresso pela seguinte relação:

$$f = \omega/\varphi$$

Então, substituindo convenientemente a referida relação, com a expressão (b); resulta que:

$$I = F_C/(\omega/\varphi)$$

Logo vem que:

$$I = F_C \cdot \omega/\varphi$$

Assim, posso concluir que a intensidade de impulso é igual à intensidade da força centrípeta em produto com o ângulo descrito, inverso pela velocidade angular.

Logo depois demonstrei que o ângulo descrito por um corpúsculo é igual ao quociente do seu comprimento de onda, inverso pelo raio da órbita.

Simbolicamente, o referido enunciado é expresso pela seguinte relação:

$$\varphi = \lambda/R$$

Substituindo convenientemente as duas últimas expressões; resulta que:

$$I = F_C \cdot \lambda/\omega \cdot R$$

Isso me permite concluir que a intensidade do impulso de um corpúsculo é igual à intensidade de força centrípeta em produto com o comprimento de onda, inversos pela velocidade angular em produto com o raio da órbita do corpúsculo.

Porém foi demonstrado que a velocidade linear é igual à velocidade angular em produto com o raio da órbita do corpúsculo.

Simbolicamente o referido enunciado é expresso por:

$$V = \omega \cdot R$$

Substituindo convenientemente as duas últimas expressões; resulta que:

$$I = F_C \cdot \lambda/V$$

Logo, posso concluir que a intensidade de impulso é igual ao quociente da intensidade da força centrípeta em produto com o comprimento de onda, inversa pela velocidade Linear.

Porém, esta largamente demonstrado no presente tratado que a velocidade linear do corpúsculo é igual ao seu ângulo corpuscular em produto com a freqüência e multiplicados pelo raio da órbita do corpúsculo.

Simbolicamente o referido enunciado é expresso por:

$$V = \varphi . f . R$$

Substituindo convenientemente as duas últimas expressões; resulta que:

$$I = F_C . \lambda/\varphi . f . R$$

Dessa maneira, posso concluir que a intensidade do impulso de um corpúsculo em movimento circular e uniforme é igual à intensidade da força centrípeta em produto com o comprimento de onda, inverso pelo ângulo corpuscular em produto com a freqüência, multiplicados pelo raio da órbita do corpúsculo.

Em outra parte, demonstrei que a freqüência de um corpúsculo é igual ao quociente de sua velocidade linear, inversa pelo raio da órbita do corpúsculo em produto com o ângulo descrito.

Simbolicamente, o referido enunciado é expresso pela seguinte relação:

$$f = V/R . \varphi$$

Como: $I = F_C/f$

Então, substituindo convenientemente as duas últimas relações, vem que:

$$I = F_C/(V/R . \varphi)$$

Logo, resulta que:

$$I = F_C \cdot R \cdot \varphi/V$$

Isso me permite concluir que o impulso de um corpúsculo é igual à intensidade de força que atua sobre esse corpúsculo em produto com o raio da órbita multiplicado pelo ângulo descrito pelo corpúsculo, inverso pela velocidade linear do corpúsculo.

Demonstrei que, quando o corpúsculo apresenta comprimentos de onda iguais em freqüência iguais sua velocidade linear será igual ao comprimento de onda em produto com a freqüência.

Simbolicamente o referido enunciado é expresso por:

$$V = \lambda \cdot f$$

Substituindo convenientemente as duas últimas expressões, resulta que:

$$I = F_C \cdot R \cdot \varphi/\lambda \cdot f$$

Logo, posso concluir que o impulso de um corpúsculo é igual ao quociente da intensidade de força que atua sobre um corpúsculo em produto com o raio de sua órbita, multiplicado pelo ângulo descrito por tal corpúsculo, inverso pelo comprimento de onda multiplicada pela freqüência.

Em capítulos anteriores, demonstrei que o número de pulsos em produto com o comprimento de onda é igual ao dobro do valor de π (pi) em produto com o raio da órbita do elétron. Simbolicamente, o referido enunciado é expresso por:

$$n \cdot \lambda = 2\pi \cdot R$$

Porém, demonstrei que o comprimento de onda de um corpúsculo é igual ao quociente da intensidade do impulso em produto com a velocidade linear inversa pela intensidade da força centrípeta. Simbolicamente, o referido enunciado é expresso pela seguinte relação:

$$\lambda = I \cdot V/F_C$$

Substituindo convenientemente as duas últimas expressões, vem que:

$$n = I \cdot V/F_C = 2\pi \cdot R$$

Logo, posso escrever que:

$$n \cdot I = F_C \cdot 2\pi \cdot R/V$$

Demonstrei que a velocidade linear de um corpúsculo é igual ao raio em produto com a velocidade angular.

Simbolicamente, o referido enunciado é expresso por:

$$V = R . \omega$$

Substituindo convenientemente as duas últimas expressões, vem que:

$$n . I = F_C . 2\pi . R/R . \omega$$

Eliminando os termos em evidência, resulta que:

$$n . I = F_C . 2\pi/\omega$$

Isso me permite concluir que o número de pulsos em produto com a intensidade de impulso é igual ao quociente da intensidade da força centrípeta multiplicada pelo dobro do valor de π (pi), inverso pela velocidade angular.

A intensidade de impulso de um corpúsculo é igual ao quociente da intensidade de força em produto com o ângulo descrito, inverso pela velocidade angular.

Simbolicamente, o referido enunciado é expresso pela seguinte relação:

$$I = F_C . \varphi/\omega$$

Demonstrei que o número de pulsos em produto com a velocidade angular é igual ao dobro do valor de π (pi) em produto com a freqüência corpuscular.

Simbolicamente, o referido enunciado é expresso por:

$$n . \omega = 2\pi . f$$

Substituindo convenientemente as duas últimas expressões, resulta que:

$$n . F_C . \omega/I = 2\pi . f$$

Logo, posso escrever que:

$$n/I = 2\pi . f/F_C . \varphi$$

Assim, posso concluir que a razão existente entre o número de pulsos pela intensidade do impulso é igual ao quociente do dobro do valor de π (pi) em produto com a freqüência, inversa pela intensidade de força centrípeta em produto com o ângulo descrito pelo corpúsculo

4. MOVIMENTO CIRCULAR UNIFORMEMENTE VARIADO

Demonstrei a seguinte verdade:

$$I = F_C/f$$

por:

Sabe-se que a força centrífuga é expressa

$$F_C = m \cdot V^2/R$$

Substituindo convenientemente as duas últimas expressões, resulta que:

$$(m \cdot V^2/R)/(f/1)$$

Logo vem que:

$$I = m \cdot V^2/R \cdot f$$

Porém sabe-se que:

$$a = V^2/R$$

Substituindo as duas últimas expressões, vem que:

$$I = m \cdot a/f$$

Sabe-se que:

$$a = \omega . f. \lambda$$

Então, vem que:

$$I = m . \omega . f. \lambda/f$$

Assim, resulta que:

$$I = m . \omega . \lambda$$

Sabe-se que:

$$I = m . a/f$$

Porém, demonstrei que:

$$a = 4\pi^2 . f^2 . R/n^2$$

Substituindo, resulta que:

$$I = m . 4\pi^2 . f^2 . R/f . n^2$$

Então vem que:

$$n^2 . I = m . 4\pi^2 . f^2 . R/f$$

$$n^2 . I = m . 4\pi^2 . f . R$$

Logo depois, demonstrei que:

$$a \cdot 2\pi \cdot f \cdot V/n$$

Substituindo convenientemente com:

$I = m \cdot a/f$, resulta que:

$$I = m \cdot 2\pi \cdot f \cdot V/f \cdot n$$

$$n \cdot I = m \cdot 2\pi \cdot f \cdot V/f$$

$$n \cdot I = m \cdot 2\pi V$$

Logo depois demonstrei que:

$$a = 8\pi^3 \cdot f^2 \cdot R^2/n^3 \cdot \lambda$$

Que substituída em $I = m \cdot a/f$ resulta que:

$$I = m \cdot 8\pi^3 \cdot f^2 \cdot R^2/f \cdot n^3 \cdot \lambda$$

Então resulta que:

$$n^3 \cdot I = m \cdot 8\pi^3 \cdot f \cdot R^2/\lambda$$

Depois demonstrei a seguinte lei:

$$a = 8\pi^3 \cdot f^3 \cdot R/n^3 \cdot \omega$$

Que substituída convenientemente em **I = m**
. a/f, resulta que:

$$I = m . 8\pi^3 . f^3 . R/f . n^3 . \omega$$

Então, resulta:

$$n^3 . I = m . 8\pi^3 . R . f^2/\omega$$

5. DEFINIÇÃO DE QUANTIDADE DE MOVIMENTO

Na mecânica newtoniana a quantidade de movimento de um corpúsculo é igual ao valor da massa do referido corpúsculo em produto com a velocidade de propagação do mesmo.

O referido enunciado é expresso por:

$$Q = m . V$$

Porém, a velocidade de um corpúsculo é igual a:

$$V = \lambda . f$$

Então resulta que:

$$Q = m . \lambda . f$$

No M.U.V. demonstrei que:

$$V = \Sigma\lambda \cdot \Sigma f$$

Então resulta que:

$$Q = \Sigma\lambda \cdot \Sigma f$$

Logo depois, afirmei que:

$$V = G \cdot \Sigma f$$

Então, vem que:

$$Q = m \cdot G/\Sigma f$$

Sei que: $Q = m \cdot \Sigma\lambda \cdot \Sigma f$

Demonstrei que: $\Sigma f = G/V$

Então, vem que:

$$Q = m \cdot \Sigma\lambda \cdot G/V$$

6. QUANTIDADE DE MOVIMENTO E M.C.U.

Afirmei que:

$$Q . m . V$$

Demonstrei que:

$$V = R . \omega$$

Substituindo convenientemente as duas últimas expressões, obtém-se:

$$Q = m . R . \omega$$

Defini que: $R = \lambda/\varphi$, então vem que:

$$Q = m . \lambda . \omega/\varphi$$

Demonstrei que:

$$n . \lambda = 2\pi . R$$

Sabe-se que:

$$Q = m . \lambda . f$$

Substituindo as duas últimas expressões, resulta que:

$$Q = m . f . 2\pi . R/n$$

Demonstrei que:

$$\varphi = 2\pi/n$$

Afirmei que:

$$Q . \varphi = m . \lambda . \omega$$

Substituindo as duas últimas expressões, resulta que:

$$Q . 2\pi/n = m . \lambda . \omega$$

Logo, resulta que:

$$Q = n . m . \lambda . \omega/2\pi \qquad \textbf{(A)}$$

Demonstrei que:

$$\omega = 2\pi . f/n$$

Afirmei que:

$$Q = m . R . \omega$$

Substituindo convenientemente as duas últimas expressões, resulta que:

$$Q = m . R . 2\pi . f/n \qquad \textbf{(B)}$$

Igualando A com B, resulta que:

$$m . R . 2\pi . f/n = n . m . \omega . \lambda/2\pi$$

Que resulta em

$$R . 4\pi^2 . f = n^2 . \omega . \lambda$$

Demonstrei que:

$$V = 2\pi . f. R/n$$

Sabe-se que:

$$Q = m . V$$

Substituindo convenientemente as duas últimas expressões, resulta que:

$$Q = m . 2\pi . f . R/n$$

Então resulta que:

$$n . Q = m . 2\pi . f . R$$

7. QUANTIDADE DE MOVIMENTO E O M.C.U.V.

Demonstrei que:

$$Q = m . V$$

Porém:

$$V = R \cdot \omega$$

Substituindo convenientemente as duas últimas expressões vem que:

$$Q = m \cdot \omega \cdot R$$

Demonstrei que:

$$R = \omega^2/a$$

Então substituindo, resulta que:

$$Q = m \cdot \omega^3/a$$

que:

Demonstrei que: $a = \omega^2 \cdot \lambda/\varphi$, então, resulta

$$Q = (m \cdot \omega^3)/(\omega^2 \cdot \lambda/\varphi)$$

Então, vem que:

$$Q = m \cdot \omega \cdot \varphi/\lambda$$

Demonstrei que:

$$R = n^2 \cdot a/4\pi^2 \cdot f^2$$

Afirmei que:

$$Q = m . \omega . R$$

Substituindo convenientemente as duas últimas expressões, resulta que:

$$Q = m . \omega . n^2 . a/4\pi^2 . f^2$$

Demonstrei que:

$$Q = m . V$$

Afirmei que:

$$V = n . a/2\pi . f$$

Substituindo convenientemente as duas últimas expressões, resulta que:

$$Q = m . n . a/2\pi . f$$

Demonstrei que:

$$Q . \lambda = m . \omega . \varphi$$

Em outra parte afirmei que:

$$\lambda = 8\pi^3 . f^2 . R^2/a . n^3$$

Substituindo convenientemente as duas últimas expressões, vem que:

$$Q = 8\pi^3 . f^2 . R^2/a . n^3 = m . \omega . \varphi$$

Ou melhor:

$$Q = a . n^3 . m . \omega . \varphi/8\pi^3 . f^2 . R^2$$

CAPÍTULO VII

TRABALHO

1. INTRODUÇÃO

Neste capítulo vou procurar estabelecer a noção de trabalho de uma força que atua sobre um corpúsculo.

2. TRABALHO DE UMA FORÇA CONSTANTE

Considere um corpúsculo em movimento, no qual esteja sendo aplicada uma força "**F**" constante, durante todo o decorrer do movimento corpuscular. Suponho que durante um determinado intervalo de tempo o corpúsculo tenha sofrido um deslocamento de comprimento de onda Σλ. Define-se por trabalho dessa força constante, durante o intervalo de tempo considerado, o produto da intensidade de força pelo deslocamento e pelo co-seno do ângulo α formado entre a força e o deslocamento.

Simbolicamente o referido enunciado é expresso por:

$$\tau = F . \Sigma\lambda . \cos\alpha$$

Onde a letra grega τ (tau) representa o trabalho.

Agora considere uma força constante e paralela ao deslocamento retilíneo.

Então, a expressão que traduz o conceito de trabalho de uma força será caracterizada por:

$$\tau = F. \ \Sigma\lambda$$

Deve-se observar cuidadosamente que somente existe trabalho quando a força examinada admite um componente na direção do deslocamento.

3. OBSERVAÇÕES

a) Embora estejam envolvidas no cálculo do trabalho duas grandezas vetoriais (força e deslocamento), esse trabalho é uma grandeza puramente escalar.

b) Ao estudar o trabalho realizado por uma força constante, o comprimento do deslocamento de onda $\Sigma\lambda$ que ocorre enquanto atua uma força "F" não é necessariamente a produzida por esta, pois se deve levar em conta que outras forças podem estar agindo simultaneamente.

4. CLASSIFICAÇÃO DO TRABALHO

O trabalho é classificado em:
a) Trabalho motor;
b) Trabalho resistente.

O trabalho de uma força constante é motor quando a mesma atua a favor do deslocamento. Nesse caso o ângulo entre a força e o deslocamento é agudo.

$$\tau = F. \Sigma\lambda . \cos\alpha$$

Como **90° > α = 0, isto implica que 0 <** **cosα = 1**

Portanto vem que:

$$\tau > 0$$

Isso significa que o trabalho motor é sempre *positivo.*

O trabalho de uma força constante é resistente quando a mesma atua em oposição ao deslocamento. Nesse caso, o ângulo entre a força e o deslocamento do comprimento de onda é obtuso.

$$\tau = F. \Sigma\lambda . \cos\alpha$$

Como **180° = α > 90°, isto implica que - 1 =** **cosα 0**

Portanto:

$$\tau < 0$$

Isso permite concluir que o trabalho resistente é sempre *negativo*.

5. PROPRIEDADE FUNDAMENTAL

É possível demonstrar matematicamente que o trabalho realizado por uma força constante, atuando sobre um corpúsculo, somente depende das suas posições inicial e final sendo medidas pelo produto da intensidade da força pela projeção do deslocamento na sua direção.

Costuma-se afirmar, nessas condições, que o trabalho independe da trajetória descrita pelo deslocamento do ponto de aplicação da força.

6. OS CORPÚSCULOS E O TRABALHO

Demonstrei que:

$$\tau = F. \Sigma\lambda$$

Demonstrei que:

$$\Sigma\lambda = V/\Sigma f$$

Substituindo convenientemente as duas últimas expressões, obtém-se:

$$\tau = F. V/\Sigma f$$

Sabe-se que:

$$\tau = F. \Sigma\lambda$$

Demonstrei que:

$$\Sigma\lambda = G/\Sigma f^2$$

Então, substituindo convenientemente as duas últimas expressões, resulta que:

$$\tau = F. G/\Sigma f^2$$

Logo depois, demonstrei que:

$$\Sigma\lambda = V^2/G$$

Então, substituindo convenientemente com $\tau = F. \Sigma\lambda$, resulta que:

$$\tau = F. V^2/G$$

Demonstrei que:

$$F = m . v . \Sigma f$$

Como, $\tau = F. \Sigma\lambda$

Substituindo convenientemente as duas últimas expressões, obtém-se:

$$\tau = m \,.\, V \,.\, \Sigma f \,.\, \Sigma \lambda$$

Demonstrei que:

$$F = m \,.\, \Sigma \lambda \,.\, \Sigma f^2$$

Como: $\tau = F \,.\, \Sigma \lambda$

Substituindo convenientemente; resulta que:

$$\tau = m \,.\, \Sigma f^2 \,.\, \Sigma \lambda^2$$

Demonstrei que: $F = m \,.\, V^2 \,.\, \Sigma \lambda$

Sabe-se que: $\tau = F \,.\, \Sigma \lambda$

Logo, substituindo convenientemente, resulta que:

$$\tau = m \,.\, V^2 \,.\, \Sigma \lambda / \Sigma \lambda$$

Então, vem que:

$$\tau = m \,.\, V^2$$

7. TRABALHO E MOVIMENTO CIRCULAR

No estudo do movimento circular demonstrei que a força centrífuga é expressa por:

$$F_C = m . V^2/R$$

Como $\tau = F . \Sigma\lambda$, então vem que:

$$\tau = m . V^2 . \Sigma\lambda/R$$

Demonstrei que:

$$F_C = m . 4\pi^2 . f^2 . R/n^2$$

Como $\tau = F . \Sigma\lambda$, resulta que:

$$\tau = m . 4\pi^2 . f^2 . R . \Sigma\lambda/n^2$$

Demonstrei que:

$$F_C = 2\pi . f . V . m/n$$

Como $\tau = F . \Sigma\lambda$, resulta que:

$$\tau_C = 2\pi . f . V . m . \Sigma\lambda/n$$

Demonstrei que:

$$F_C = 8\pi^3 . f^2 . R^2 . m/n^3 . \Sigma\lambda$$

Como $\tau = F . \Sigma\lambda$, resulta que:

$$\tau_C = 8\pi^3 . f^2 . R^2 . m . \Sigma\lambda/n^3 . \Sigma\lambda$$

Logo, resulta que:

$$\tau_C = 8\pi^3 . f^2 . R^2 . m/n^3$$

Demonstrei que:

$$F_C = 8\pi^3 . f^3 . R^2 . m/n^3 . V$$

Como $\tau_C = F_C . \Sigma\lambda$, resulta que:

$$\tau_C = 8\pi^3 . f^3 . R^2 . m . \Sigma\lambda/n^3 . V$$

8. IMPULSO E TRABALHO

Demonstrei que:

$$F = \Sigma I . \Sigma f$$

Como $\tau = F . \Sigma\lambda$, vem que:

$$F = \Sigma I . \Sigma f . \Sigma\lambda$$

Demonstrei que:

$$\Sigma\lambda = m \cdot V^2/I \cdot \Sigma f$$

Como $\tau = F \cdot \Sigma\lambda$, então, resulta que:

$$\tau = F \cdot m \cdot V^2/I \cdot \Sigma f$$

Demonstrei que:

$$\Sigma\lambda = I/m \cdot \Sigma f$$

Como $\tau = F \cdot \Sigma\lambda$, resulta que:

$$\tau = F \cdot I/m \cdot \Sigma f$$

9. TRABALHO E M.C.U.

Demonstrei que: $F_C = I \cdot \omega/\phi$

Como $\tau = F_C \cdot \Sigma\lambda$, resulta que:

$$\tau = I \cdot \omega \cdot \Sigma\lambda/\phi$$

Demonstrei que:

$$F_C = I \cdot V/R \cdot \omega$$

Como $\tau = F_C \cdot \Sigma\lambda$, resulta que:

$$\tau = I \cdot V \cdot \Sigma\lambda/R \cdot \omega$$

Demonstrei que:

$$F_C \cdot \Sigma\lambda = I \cdot \omega \cdot R$$

Como $\tau = F_C \cdot \Sigma\lambda$, resulta que:

$$\tau = I \cdot \omega \cdot R$$

Demonstrei que:

$$\Sigma\lambda = F_C \cdot R \cdot \omega/I \cdot \Sigma\lambda$$

Como $\tau = F_C \cdot \Sigma\lambda$, resulta que:

$$\tau = F^2_C \cdot R \cdot \omega/I \cdot \Sigma f$$

Demonstrei que:

$$F_C = n \cdot I \cdot \omega/2\pi$$

Como $\tau = F_C \cdot \Sigma\lambda$, resulta que:

$$\tau = n \cdot I \cdot \omega \cdot \Sigma\lambda/2\pi$$

Demonstrei que: $F_C = 2\pi \cdot \Sigma f \cdot I/n \cdot \omega$

Como $\tau = F_C . \Sigma\lambda$, resulta que:

$$\tau = 2\pi . \Sigma f . I . \Sigma\lambda/n . \omega$$

Demonstrei que: $F_C = 2\pi . \Sigma f . I/n . \omega$

Como $\tau = F_C . \Sigma\lambda$, resulta que:

$$\tau = 2\pi . \Sigma f . I . \Sigma\lambda/n . \omega$$

Bibliografia

ALONSO, M. & E.J. FINN. 1977. *Física: um curso universitário*. 2ª ed. SP: Edgard Blücher. Tradução Mário A. Guimarães, Darwin Bassi, Mituo Uehara e alvimar A. Bernardes.

EISBERG, R. & R; RESNICK. 1979. *Física quântica: átomos, moléculas, sólidos, núcleos e partículas*. RJ: Campus. Tradução Paulo Costa Ribeiro, Enio Frota da Silveira e Marta Feijó Barroso.

FERREIRA, L.C. 1975. *Estudo dirigido de Física*. 2ª ed. SP: Nacional.

GONÇALVES, Dalton. *Física do Científico e do vestibular*. 7ª ed. Rio de Janeiro, Ao Livro Técnico, 1970.

JUNIOR, F. R., J. I. C. dos SANTOS, N. G. FERRARO & P. A. de T. SOARES. 1976. *Os fundamentos da Física*. 1ª ed. SP: Moderna.

MASTERTON, W. L. & E. J. SLOWINSKI. 1978. *Química Geral Superior*. 4ª ed. RJ: Interamericana. Tradução Domingos Cachineiro Dias Neto e Antonio Fernando Rodrigues.

RESNICK, R. & D. HALLIDAY. 1979. *Física*. 2ª ed. RJ: Livros Técnicos e Científicos. Tradução Antonio Maximo R. Luz, Beatriz Alvarenga Alvarez, Jésus de Oliveira e Márcio Quintão Moreno.

TIPLER, P. A. 1978. *Física*. RJ: Guanabara, Tradução Horacio Macedo.